OBSERVATIONS

SUR LES MINES ET LES MINEURS

DE RANCIÉ,

ET SUR L'ADMINISTRATION DE CES MINES;

PAR

M.ʳ D'AUBUISSON DE VOISINS,

INGÉNIEUR EN CHEF AU CORPS ROYAL DES MINES,

CHEVALIER DE L'ORDRE ROYAL ET MILITAIRE DE SAINT-LOUIS.

TOULOUSE,

BELLEGARRIGUE, Libraire, Imprimeur de S. A. R. MONSIÈUR Frère du ROI, rue des Filatiers, N.º 31.

1818.

OBSERVATIONS

SUR LES MINES ET LES MINEURS

DE RANCIÉ,

ET SUR L'ADMINISTRATION DE CES MINES.

Depuis sept ans que je suis chargé du service d'Ingénieur en chef dans le dix-septième arrondissement des mines du Royaume (1), j'ai donné un soin tout particulier au plus important de ses établissemens minéralogiques, les *mines de fer de Rancié*. J'ai lu tout ce qui a été publié à leur sujet, j'ai recueilli les documens de la tradition, j'ai suivi et bien étudié leur exploitation, j'ai vécu au milieu des mineurs qui y travaillent, je les ai vus dans des momens de calme et dans des momens de trouble ; j'ai été à leur égard l'agent immédiat, et quelquefois même le confident de l'Administration supérieure, et je crois avoir acquis ainsi une pleine connaissance des hommes et des choses.

Après avoir formé en conséquence mon opinion sur ces objets, quelle a été ma surprise, en lisant,

---

(1) Cet arrondissement comprend les départemens de la *Haute-Garonne*, *Tarn-et-Garonne*, *Tarn*, *Ariège*, *Gers*, *Hautes et Basses-Pyrénées*, *Landes*, et provisoirement ceux de l'*Aveyron*, *Lot*, *Lot-et-Garonne* et *Gironde*.

il y a environ un mois, une brochure intitulée : *Observations générales sur la situation des mineurs de Rancié, par un Ariégeois* anonyme : l'auteur y parle des mineurs, de leur état, de leur sort, des maîtres de forge de l'Ariège, de l'administration des mines et de sa conduite ; tout ce qu'il en dit est à peu près l'opposé de ce que j'avais lu ou vu, et de ce que j'avais pensé sur la même matière : à peine ai-je trouvé une phrase qui ne m'ait paru, à moi qui d'ailleurs puis me tromper, ou une erreur de fait, ou une erreur de raisonnement, ou une vaine déclamation. Cet écrit m'ayant ainsi semblé devoir induire en erreur le public de l'Ariège, auquel il est livré, et sur un objet qui en intéresse directement une partie, j'ai cru, dans l'intérêt général, comme pour l'honneur de l'Administration dont je fais partie, devoir rétablir les choses telles qu'elles sont réellement. Je le ferai par une simple et exacte exposition des faits.

Au reste, en différant à peu près en tout point d'opinion avec l'auteur, je n'en rendrai pas moins à ses bonnes intentions la justice qu'il demande ; il a cru plaider la cause du pauvre contre le riche, du faible contre le fort. Je rendais pareille justice aux intentions également philanthropiques du philosophe de Genève, lorsque, dans ses éloquentes déclamations sur l'*Inégalité parmi les hommes*, il accusait si fortement nos institutions sociales ; et lorsque, dans son *Contrat social*, il établissait de spécieuses théories sur les rapports qui doivent exister entre les gouvernans et les gouvernés, entre les administrateurs et les administrés. Des années de malheurs et de désordres viennent de faire apprécier, à leur juste valeur, ces déclamations et ces théories ; et elles ont interdit à jamais aux Souverains, comme aux

Administrateurs, d'aller puiser à de pareilles sources les moyens d'assurer le bonheur de leurs sujets, et le bien-être des établissemens qui leur sont confiés.

Et moi aussi je suis philanthrope : dans l'homme, même le plus inférieur, je vois et je respecte mon semblable ; je cherche à faire tout ce qui dépend de moi pour son plus grand bien, et je veux qu'il soit traité avec tous les ménagemens possibles. Mais comme je ne trouve pas extraordinaire que, si j'enfreins une loi, je ne porte la peine de cette infraction ; qu'on ne trouve pas mauvais que, si je dévie de la ligne du devoir, mes écarts ne soient réprimés par le supérieur que mon choix, ou le besoin de vivre, m'a donné ; qu'on me permette de ne trouver ni extraordinaire ni mauvais ce qui pourrait arriver de semblable aux autres. Plus que cela encore, si j'avais l'honneur d'être le Colonel d'un régiment dont les soldats mutinés refuseraient d'obéir à des ordres supérieurs, ordres qui n'auraient d'ailleurs rien que d'ordinaire, et qu'en envoyant sept ou huit de ces soldats en prison pour un mois, j'eusse fait cesser la mutinerie, je ne croirais pas avoir *remporté une victoire plus complétement malheureuse ; et si*, accablé de douleur et *du plus profond regret*, je gémissais sur cette si malheureuse victoire, je conviendrais que le Roi ne saurait mieux faire que d'envoyer un si pauvre Colonel gémir loin du corps où il serait si peu propre à maintenir l'ordre et la discipline.

Cette profession de foi étant faite, venons aux faits.

Des Mineurs de Rancié.

Les mines, situées sur la montagne de *Rancié*, dans la vallée de Vicdessos, livrent annuellement près de 360 quintaux (1) de minerai, lesquels rendent 120 quintaux de fer forgé : c'est environ la vingtième partie de celui qui se fabrique et même qui se consomme en France.

Par suite d'anciens priviléges donnés, par les Comtes de Foix, aux habitans de la vallée de Vicdessos, ces mines sont exclusivement exploitées par les habitans ; et, dans le fait, elles le sont exclusivement par ceux des trois villages de *Sem*, *Goulier* et *Olbier* (2), dont la population, d'après les états de la préfecture, est de 1300 ames. Le nombre des mineurs, s'élevant à 430, comprend la presque totalité des hommes de ces villages, les enfans au-dessous de dix ans et les vieillards exceptés.

D'après d'anciennes coutumes, ces mineurs fêtent un très-grand nombre de jours ; leur calendrier présente au moins 85 fêtes autres que celles reconnues par l'Église gallicane : ils chôment, en outre, plusieurs autres jours ; de sorte que le nombre de ceux où ils travaillent aux mines est fort réduit : en 1816, il a été de 161 ; et en 1817, de 182.

---

(1) Le quintal ici employé est celui dit *poids de table* pesant près de 41 kilogrammes. La *volte*, appelée aussi *charge* ou *quintal de minerai*, est de 60 kilogrammes.

(2) Dernièrement, six ouvriers de Saleix, village de la vallée de Vicdessos, ont demandé à travailler aux mines, l'Administration les y a introduits. Divers habitans des autres lieux de la vallée ont fait la même demande ; et si elle n'a pas été accordée, c'est que le nombre des mineurs actuels est plus que suffisant.

Ils entrent aux mines vers onze heures du matin : ils vont à divers chantiers d'exploitation, où ils sont censés placés par leurs chefs, les *Jurats*; mais où leur intérêt et leur caprice les ont plus souvent placés encore. Ils y abattent et en extraient la quantité de minerai taxée par les Jurats, laquelle est de trois, ou de quatre et demi, ou de six quintaux, suivant les besoins du commerce : au sortir de la mine, ils la vendent directement et pour leur compte, à des muletiers, au prix fixé pour l'année. Ceux qui ont le plutôt fini leur tâche sortent à deux ou trois heures après midi ; ceux qui finissent le plus tard quittent à cinq ou six heures. Terme moyen, on peut compter que les mineurs ne restent pas plus de quatre heures et demie pour extraire quatre quintaux et demi de minerai.

Les abatteurs font tomber le minerai à coups de pic; et les charrieurs le sortent de la mine, sur leurs épaules, dans de petites hottes, portant environ un quintal et demi à la fois : les enfans, selon leurs forces, extraient la moitié, le tiers ou le quart de cette charge.

La *volte* étant à 55 ^{c}, prix fixé pour 1818, le mineur, extrayant trois voltes, percevra 1 ^{f} 65 ^{c}, sur lesquels on aura à déduire pour l'huile qui sert à leur éclairage 25 ^{c} au plus (1), et pour les outils, terme moyen, 10 ^{c}. Il lui reste

---

(1) Dans d'autres mines du midi de la France, les lampes des ouvriers dépensent une once d'huile en trois heures au moins : c'est de l'huile de noix ; au prix actuel, 70 ^{c} la livre, ce n'est pas 7 ^{c} pour quatre heures et demie. A Rancié, les lampes, qui sont d'une construction imparfaite et qui brûlent de l'huile d'olive, dépensent d'avantage ; mais 25 ^{c} est encore un prix bien élevé : dans les années ordinaires, il est moindre, et il pourrait encore être considérablement diminué.

ainsi, en bénéfice net, 1 ^{f} 30 ^{c} pour quatre heures et demie de travail, ou 29 ^{c} par heure : ne mettons que 25 ^{c}, ce qui est certainement au-dessous de la réalité.

C'est encore le double de ce que gagnent les autres manouvriers du pays, dont la journée ordinaire n'est que de 1 ^{f} 25 ^{c} pour douze ou dix heures de plein travail.

C'est au moins un tiers en sus de ce que gagnent en général les mineurs dans le reste de la France. Aux mines de Carmaux (département du Tarn), le plus voisin des grands établissemens, les mineurs de première classe, les abatteurs, travaillant huit heures entières, gagnent 1 ^{f} 25 ^{c}, et, au plus, 1 ^{f} 35 ^{c} ; ceux de seconde, les charrieurs, ne gagnent que 1 ^{f} 10 ^{c} : c'est 17 ^{c} par heure pour les premiers, et 14 ^{c} pour les seconds.

Je suis certainement loin d'envier ces avantages aux mineurs de Rancié ; mais il n'en est pas moins vrai que leur sort est, en tout point, supérieur à celui des autres ouvriers du pays, et à celui de la plupart des autres mineurs.

L'auteur des observations sur leur situation parlait-il sérieusement, lorsque, dès la première phrase de son mémoire, il avançait que les mines de Rancié étaient pour les trois villages qui les exploitent une *source de misère ?* Comment un établissement qui porte annuellement, dans trois petits villages, un bénéfice net de plus de cent mille francs ; qui y donne, pour chaque ménage, un revenu net d'environ cinq cents francs (1) ; revenu

---

(1) 240,000 *voltes* à 55 ^{c} font 132,000 ^{f} ; déduisons-en un cinquième pour l'huile, les outils, etc., reste 106,400 ^{f} ; le nombre des mineurs étant 430, y compris les enfans, ce sera 247 $^1/_2$ ^{f} pour chacun ; à deux mineurs par ménage, chaque ménage aurait 495 ^{f}

assuré, indépendant des intempéries des saisons, et bien plus indépendant des vicissitudes de commerce que tout autre produit foncier ; comment, dis-je, un tel établissement peut-il être une source de misère ?

Les autres habitans de la vallée de Vicdessos ont-ils un revenu pareil ? ont-ils quelqu'autre avantage qui le remplace ? Écoutons le chef de cette vallée, le Maire de Vicdessos, nous dire : « les deux tiers d'entr'eux travaillent dès l'aurore, » et ne quittent les champs qu'à la nuit ; ils portent » sur leur dos, et à de très-grandes distances, des » engrais sur des terres infertiles, qui les indem- » nisent à peine du fruit de leur journée. Ils n. » jettent pas les hauts cris, ils supportent patiem- » ment leur triste position ; ils vivent. Mais » comment ? En s'imposant toutes sortes de pri- » vations ; ne buvant presque jamais du vin et » mangeant fort rarement du pain. En est-il de » même du peuple mineur ? Non certainement : » ils ont habituellement du pain, ils mangent sou- » vent de la viande de boucherie, leur consom- » mation en vin est étonnante... Les cabarets re- » tentissent tous les soirs (dans les années où » les denrées sont à leur prix ordinaire) d'une » bruyante gaîté, qui contraste douloureusement » avec la pénible vie que mènent leurs voisins, » dont une partie est forcée de se livrer à la men- ». dicité, lorsqu'on voit à peine quelques pauvres » de Sem, Goulier et Olbier ».

Observez encore que les mineurs, habitans de ces villages, sont aussi presque tous propriétaires de quelques pièces de terre ; et que ne travaillant point tous les jours et toute la journée aux mines, ils ont encore le temps de vaquer à la culture de leurs champs. Ils ne travaillent guère que la moitié des jours de l'année, et rarement plus des deux tiers de la journée. D'après cela, faut-il s'étonner que leur gain, quoique double en effet de celui des autres ouvriers, ne s'élève qu'à 250 fr. dans l'année : ils se sont mis quatre cents trente pour faire ce que deux cents cinquante bons mineurs feraient très-aisément. On ne peut payer un ouvrier, on ne peut raisonnablement juger de sa paye que sur son travail effectif (1).

Leurs avantages relativement à la majeure partie des autres mineurs sont tout aussi incontestables.

---

(1) Ce mauvais régime, sous le rapport de l'économie politique, avait déjà été signalé dans un mémoire imprimé en 1808, et dont la rédaction est attribuée à un homme de beaucoup de mérite, habitant Vicdessos même, et qui a une entière connaissance de cette matière.

» Les mineurs de Rancié, dit-il, ont pour maxime » de ne travailler qu'au fur et à mesure des besoins de » la consommation. Lorsque le minerai extrait la veille » n'a pas été vendu, ou qu'il en reste une certaine » quantité, ils cessent leurs travaux, et vont passer la » journée dans les cabarets, où ils se livrent à la dissi- » pation et aux excès qu'entraînent toujours les rassem- » blemens d'ouvriers oisifs. Ce genre de vie, et les » dangers auxquels ils sont exposés, vu le mauvais état » des mines, les rendent très-superstitieux. Ils chôment » une infinité de jours dans l'année : tantôt c'est la fête » d'un Saint auquel ils ont dévotion ; tantôt c'est l'an- » niversaire du décès de quelqu'un des leurs qui a péri » dans les mines : souvent encore les chantiers sont » abandonnés pour la plus légère blessure d'un cama- » rade ; en sorte qu'en comptant les jours qu'ils fêtent » par dévotion, ou qu'ils chôment comme jours malheu- » reux, ou par la nécessité de laisser évacuer le minerai » surabondant, il ne leur reste qu'environ 150 (ou 180) » jours de travail.

» Or, deux cents mineurs, dont le travail serait cons- » tant et régulier, suffiraient ; tandis que leur nombre est » de quatre cents. Voilà donc deux cents personnes inu- » tiles à l'État, et qui, livrées à un autre genre d'indus- » trie, contribueraient, pour leur part, à la prospérité » publique ».

Certainement l'état de mineur est dangereux ; mais il l'est moins ici qu'ailleurs.

Les mines de Rancié, bien aérées, ne renferment point ces gaz méphytiques et pestilentiels si pernicieux aux ouvriers de la plupart des exploitations souterraines ; elles ne produisent point ces airs inflammables dont les terribles détonations renversent, et quelquefois pour toujours, tous les mineurs d'un même atelier ; il ne saurait y avoir de ces incendies malheureusement trop fréquens dans les mines de charbon de terre, et qui occasionent les grandes catastrophes dont nos papiers publics retentissent depuis quelques années ; on n'y respire point ces exhalaisons mercurielles et arsenicales, qui, dans un très-grand nombre de mines métalliques, altèrent la santé des ouvriers, et abrègent leur vie, au point que dans quelques exploitations il est rare qu'ils dépassent l'âge de 40 ans : à Rancié, le mineur se porte aussi bien, et vit aussi long-temps que les autres habitans du pays. Il entre et sort des mines par de simples galeries, et n'est pas obligé, comme ailleurs, de descendre et de monter, par des puits dont la profondeur excède souvent mille pieds, sur de longues échelles verticales, où l'effort et la tension continuelle des membres rend bientôt les mineurs asthmatiques ou poitrinaires : dans ses travaux, il n'est pas obligé d'employer la poudre, matière dont le maniement est si périlleux, et qui occasione la plupart des accidens qui arrivent dans les mines. Il n'a à craindre que les éboulemens ; et, en définitif, son métier n'est pas plus dangereux que ne l'est en général celui de couvreur et de charpentier : depuis sept ans que je vais à Rancié, il n'y a péri que trois mineurs ; et encore deux par leur propre imprudence ont occasioné leur mort, et le troisième a été tué par le fait d'un autre mineur, qui allait travailler dans un lieu prohibé, en contravention aux règlemens.

Au reste, l'Administration, bien loin d'être rassurée par le petit nombre de ces accidens, n'en travaille pas moins, de tous ses moyens, à diminuer le danger et la peine dans l'exploitation des mines de Rancié; et elle le fait d'une manière efficace. Nous reviendrons sur cet objet par la suite.

Si j'avais peine à croire que l'Auteur des observations sur la situation des mineurs parlât sérieusement, lorsqu'il disait que les mines de Rancié sont une source de misère pour ceux qui les exploitent, je ne puis guère plus croire qu'il raisonne sérieusement, lorsqu'après avoir avancé cette assertion, il ajoute : *cependant dans tous les pays possibles un travail pénible, utile et permanent accompagné de toutes sortes de privations, doit conduire à la fortune.* Le travail du vigneron, celui du travailleur de terre (non-propriétaire), a bien toutes les qualifications susmentionnées, et je doute qu'il ait conduit à la fortune beaucoup de vignerons et de travailleurs de terre. J'ai vu, non dans tous les pays possibles, mais dans tous ceux que j'ai parcourus, et j'en ai parcouru plusieurs, des mineurs, et je n'en ai vu aucun qui ait été enrichi par son état. Ces faits si notoires et universels me dispensent d'avoir recours à de longs raisonnemens, pour démontrer que le mineur, n'étant qu'un manouvrier, ne saurait arriver à la fortune dans l'ordre actuel de la société.

Certainement les mineurs de Rancié doivent inspirer de l'intérêt; ils en inspirent à l'Administration, ils m'en inspirent à moi en particulier. Moi aussi je suis mineur : j'ai passé une partie de ma vie dans les mines; au milieu des mineurs,

je me retrouve parmi les miens, parmi mes camarades, et j'ai en général beaucoup d'affection
pour eux : j'en ai aussi pour les mineurs de
Rancié, quoique la vérité m'oblige de dire que ce
sont bien ceux qui le méritent le moins : ce
sont bien les moins aimables, et surtout les moins
aimans de tous les mineurs que j'ai vus, principalement à l'égard de leurs supérieurs et de leurs
chefs, quels qu'ils soient.

Qui, dans l'Ariège, ne connaît leur caractère
jaloux et méfiant? qui n'a ouï parler de leurs
rebellions? qui n'a ouï dire qu'autrefois il était
rare qu'un étranger osât se hasarder dans leurs
mines, et que ceux qui y étaient conduits par les
magistrats du pays y étaient vus d'un œil sombre
et inquiet? Au commencement de la révolution,
ils se sont soustraits aux chefs que l'ancienne
Administration du royaume leur donnait, les
Consuls de la vallée de Vicdessos; et ils voudraient
vivre dans une entière indépendance. Au reste, je
laisserai parler autrui sur cet objet et sur leur
caractère en général.

L'auteur du mémoire imprimé en 1808, que
j'ai déjà cité, et qui ayant passé sa vie au milieu
des mineurs, et en rapports continuels avec eux,
les connaît certainement beaucoup mieux que
l'auteur des observations sur leur situation, par-
lant de leurs prétentions et de leur manière
d'être à l'égard de l'autorité, dit : « ce sont des
» ouvriers qui ont chassé leurs maîtres, qui, cons-
» tamment en butte avec l'autorité, ont secoué
» le frein, banni la discipline, et qui voudraient
» se maintenir dans leurs usurpations.... Ce sont
» les mêmes qui jadis ont renvoyé ignominieuse-
» ment M. l'abbé Belot, que l'ancien gouverne-
» ment des Bourbons leur avait envoyé pour Ins-
» pecteur; les mêmes qui, au premier cri de liberté

» et d'égalité, ont secoué le joug dès Administra-
» teurs de la vallée de Vicdessos, et se sont élevés
» contr'eux à main armée ; les mêmes qui ont
» résisté à l'autorité du Préfet, et qui , pour le
» forcer à augmenter le prix du minerai , ont
» suspendu leurs travaux pendant un mois, et
» fait chômer toutes les forges du pays ».

Dans le cours de la révolution , l'Administration départementale, sentant l'indispensable nécessité de faire rentrer les importantes mines de
Rancié dans la dépendance d'une Autorité qui pût
garantir leur conservation , pensa à faire concourir
l'Autorité municipale de Vicdessos à leur Administration. Les mineurs réclamèrent, et l'Ingénieur des mines, M. Brochin , dit textuellement,
dans son rapport à ce sujet : « rien n'égale la
» haine qu'ils portent à leurs anciens Administra-
» teurs , et l'organisation d'une Administration à
» Vicdessos , pour la police des mines, éprouvera
» de leur part une forte opposition ».

En 1816 , M. l'Ingénieur Burdin fut envoyé
en station à Vicdessos ; à peine y eut-il vu avec
quels hommes il avait affaire, qu'il demanda
instamment son changement : « le plus grand
» désagrément de ma position, m'écrivait-il, est
» d'être au milieu de quatre ou cinq cents demi-
» sauvages , qui vous détestent d'autant plus ,
» que vous vous donnez plus de soins pour leur
» être utile ». Il disait vrai , sous ce dernier
rapport.

S'étonnera-t-on , d'après cela, lorsque l'auteur
des observations dira que l'Administration actuelle
n'est pas aimée des mineurs? S'il était possible
qu'un administrateur en fût aimé, l'administrateur actuel , le Préfet M. *de Chassepot* , devrait
en être adoré. Il me serait difficile d'exprimer
l'intérêt qu'il leur a porté , ainsi qu'à leurs mines.

A une époque où un Gouvernement absolu ne souffrait, de la part de ses agens, ni réclamations, ni observations, et ne voulait que servile obéissance, il eut le rare courage de se refuser à l'exécution d'ordres positifs, mais qui lui paraissaient blesser également l'équité et l'intérêt des mines ; il réclama, et la justice de ses réclamations triompha. Les mineurs étaient ses administrés de prédilection ; son affection pour eux respire dans toute sa correspondance. Lorsque ses occupations le lui permettaient, il se faisait un plaisir d'aller au milieu d'eux, de visiter leurs ateliers souterrains ; la familiarité avec laquelle il leur parlait, les largesses privées qu'il répandait parmi eux, étaient des preuves non équivoques de l'intérêt qu'ils lui inspiraient et du bien qu'il leur souhaitait. Nous verrons plus bas qu'il ne s'est pas borné à de simples souhaits. Si aujourd'hui son affection pour eux était refroidie, ce ne serait qu'à leur étonnante conduite qu'on devrait l'attribuer : au reste, je ne saurais dire ce qui en est à cet égard ; mais je puis assurer que le désir de leur faire tout le bien possible n'a éprouvé en lui aucune altération.

A entendre l'auteur des observations, on croirait que leur éloignement pour l'Administration actuelle n'est qu'une suite de la haine pour les lois de la révolution, ou pour les institutions d'un tyran. Mais lorsqu'ils chassaient ignominieusement l'Inspecteur que nos anciens Rois leur avaient envoyé ; lorsqu'en 1789, au premier cri de liberté et d'égalité, ils se soulevaient à main armée contre la paternelle et très-paternelle Administration des Consuls de leur propre vallée, était-ce contre les lois de la révolution, et contre les institutions de la tyrannie qu'ils s'élevaient ? Qu'on ne s'y méprenne pas : éternels ennemis de toute autorité et de toute subordination , ils ne veulent pas plus d'une Administration que d'une autre , des Consuls que des Préfets , des Inspecteurs que des Ingénieurs , des Jurats leurs compatriotes que d'un Conducteur étranger. Si le Roi , dans sa toute-puissance , confiait l'Administration de leurs mines à l'écrivain qui , après avoir fortement blâmé les principes suivis jusqu'ici , daigne nous apprendre sur quelles bases il faut *établir une bonne police aux mines de Rancié,* je garantis que , malgré ses bases et son savoir , il ne viendrait pas à bout d'y faire exécuter le moindre article des règlemens , de faire respecter un pilier laissé pour la conservation des mines , de faire travailler un mineur sur un point où le minerai un peu dur exigerait plus de temps pour son exploitation ; s'il le tentait , je lui réponds d'avance de toute l'animadversion des mineurs.

Ils ne veulent aucune espèce de loi et de règlement que leur caprice ; ils ne veulent aucune espèce de supérieur : ils veulent rester entièrement maîtres à Rancié , et y gaspiller les mines à leur fantaisie. Vainement , dirait-on , qu'ils ont plus d'intérêt que personne à leur conservation , et qu'on peut s'en remettre à cet intérêt , plus puissant que tous les règlemens et que tous les ordres d'un chef. Celui qui tiendrait un pareil langage ne connaîtrait ni les ouvriers en général , ni les mineurs de Rancié en particulier : mus par le seul intérêt du moment , ils s'inquiètent bien peu de l'avenir. N'attaquent-ils pas journellement des piliers ou massifs de minerai réservés pour le soutien des voûtes dans les excavations , dès qu'ils trouvent plus facile ou plus commode d'y abattre la quantité de minerai à extraire que dans l'atelier où ils sont placés ? et cela sans se mettre aucunement en peine des suites que de pareilles

attaques

attaques souvent répétées doivent nécessairement avoir, et cela malgré notre surveillance et la presque certitude d'être traduits devant les tribunaux, s'ils sont surpris. Cette année même, le tribunal de Foix en a condamné un à deux ans de prison, pour avoir, en sapant un de ces piliers, fait crouler une voûte dont la chute a écrasé un de ses camarades. C'est pour réprimer la malice des mineurs qui dévastaient les miniers que le premier règlement pour les mines de Rancié, celui de 1414, a été fait. N'avons-nous pas vu l'année dernière un exemple de cette *malice* (propre expression du règlement), tel qu'il serait vraiment impossible de le croire et même de le concevoir, s'il n'était constaté, de la manière la plus formelle, par les procès-verbaux des Maires, des Jurats, et par une enquête à l'effet de découvrir les coupables? Le 22 février, des mineurs s'introduisirent de nuit dans la principale des mines, dont ils enfoncèrent la porte; ils firent tomber, à l'aide de leviers de fer, les étançons qui soutenaient la galerie d'entrée, et de cette manière ils en produisirent l'éboulement sur une certaine étendue, petite à la vérité. Peut-on concevoir une aussi méchante folie? Chercher de propos bien prémédité à ruiner un atelier, principal moyen de subsistance pour soi, ses parens et ses concitoyens! Est-ce à des ouvriers, parmi lesquels il y a des hommes capables d'un pareil attentat, que la société doit confier, et confier sans réserve et sans surveillance, une propriété publique des plus importantes, un établissement qui fournit seul, à la vingtième partie du Royaume, un objet de première nécessité, le fer? La réponse ne saurait être un instant douteuse; et, sans manquer essentiellement à son devoir, l'Administration publique doit prendre des mesures, et des mesures efficaces pour assurer l'existence et le bon *aménagement* de cette exploitation.

Passons à ce qu'elle fait et à ce qu'elle peut faire à cet égard.

De l'Administration des mines de Rancié.

Cette Administration se compose ,

Du *Ministre de l'Intérieur*, chef, sous les ordres de sa Majesté, de toute l'Administration intérieure du Royaume ;

Du *Directeur-général des mines , ponts et chaussées ,* qui remplace le Ministre pour les cas ordinaires , et qui prononce définitivement sur les objets d'art, après les avoir fait discuter au *Conseil-général des mines ;*

Du *Préfet du département ;* c'est l'administrateur proprement dit : c'est lui qui ordonne aux mines , qui prend les arrêtés pour le maintien de l'ordre , pour la police des ouvriers , etc. ;

De l'*Ingénieur en chef au Corps royal des mines* dans le dix-septième arrondissement , et d'un *Ingénieur ordinaire* en station à Vicdessos ;

De *quatre Jurats* pris dans le corps des mineurs, et surveillés en partie par le *Maire de la commune.*

Les Jurats seuls sont payés par les mines ou les mineurs ; aucun des autres membres de l'Administration ne retire des mines, soit directement soit indirectement , le moindre émolument.

Je présume qu'on ne contestera pas la capacité de cette Administration en matière de mines.

Le Conseil-général des mines , qui discute , sous la présidence du Directeur-général, tous les projets d'art , toutes les dispositions réglémentaires, est composé des trois *Inspecteurs-généraux des mines de France ,* et habituellement des cinq *Inspecteurs divisionnaires ,* c'est-à-dire, des personnes du Royaume qui sont censées avoir le plus de connaissances et d'expérience en fait de mines.

J'ose me flatter qu'on ne refusera pas à l'Ingénieur en chef des mines, chargé de la proposition des projets et de surveiller leur exécution après qu'ils ont été arrêtés ; à une personne qui est restée cinq ans dans la plus célèbre école des mines de l'Europe (à Freyberg, en Saxe), et au milieu des exploitations les mieux conduites ; qui connaît à peu près toutes les grandes mines de l'Allemagne et de la France ; à l'auteur d'un traité sur l'exploitation des mines, et d'un grand nombre de mémoires sur cet art, les connaissances et les moyens nécessaires pour conduire une exploitation aussi simple que l'est celle des mines de Rancié.

J'ajouterai encore, pour la satisfaction de ceux qui désireraient savoir sur quels titres se fonde la compétence de l'Administration et en particulier celle du Préfet sur les mines de Rancié, que, sous le régime de nos Rois, divers arrêts du Conseil ont donné l'Administration de ces mines aux Consuls de la vallée de Vicdessos en première instance, et aux Intendans en dernière, sauf l'appel au Conseil-d'État. Par les lois constitutionnelles de 1790 les *assemblées provinciales* et les *assemblées inférieures* furent supprimées ; la vallée de Vicdessos, petite corporation composée de huit communes, perdit, en conséquence, son existence politique et ses Consuls ; leurs attributions, comme celle des Intendans, passèrent aux Administrations départementales, lesquelles se trouvèrent ainsi chargées des mines de Rancié, en première et dernière instance. Les Préfets ont succédé à leurs droits, en vertu de la constitution de l'an VIII qui les institue.

Quel est et quel doit être l'objet de l'Administration des mines de Rancié? Rendre leur exploitation aussi durable, aussi peu dangereuse et aussi facile que possible : elle doit encore assurer les besoins des consommateurs; la loi du 21 avril 1810 (art. 49) lui en impose formellement l'obligation. L'intérêt particulier des mineurs n'est ici que secondaire.

Cette Administration remplit-elle sa tâche? rend-elle l'exploitation moins dangereuse et moins pénible? Qu'il me soit permis de citer quelques exemples de ce qui a été fait à cet égard sous l'Administrateur actuel, et depuis que je suis chargé du service à Rancié.

La mine principale présentait une galerie d'entrée extrêmement pénible ; c'était d'abord une descente et puis une montée en forme d'un escalier très-roide, d'où les mineurs, chargés de près de deux quintaux, sortaient rompus de fatigue : elle débouchait ensuite dans une immense excavation, dont la voûte fendillée, laissant tomber continuellement de gros blocs de pierre, rendait le passage fort dangereux. On a évité ce danger, ainsi que les montées et descentes, par un nouveau passage de plein pied, taillé en partie dans le roc : il a été appelé *Galerie Chassepot*, du nom de l'Administrateur sous lequel il a été fait, et en reconnaissance des soins particuliers qu'il donne aux mines de Rancié. Au moment où il fut terminé, en janvier 1813, le Maire de la commune m'écrivait : « le nouveau » passage est tout-à-fait ouvert, les mineurs y » passent depuis deux jours ; ils l'ont en quelque » sorte forcé : il n'a pas été possible de les en em- » pêcher, tant ils étaient contens de passer là, soit » pour être plus à l'aise, n'étant pas dans le cas de » se fatiguer pour monter et descendre, soit pour

» se mettre à l'abri des dangers qu'ils couraient
» en suivant l'ancienne galerie : ils bénissent,
» avec transport, la main qui leur a garanti tant
» d'avantages ».

Que les temps sont changés !...........

Au reste, nous continuerons à faire tout ce qui sera en nous pour mériter de pareilles bénédictions, dussions-nous même ne pas les recevoir.

La galerie d'entrée de la même mine, avant d'être au passage *Chassepot*, est ouverte au milieu d'un tas d'éboulis dont l'épaisseur, sur quelques points, est de 180 pieds. Le moindre mouvement, dans cette masse de blocs et de pierres sans liaison, peut écraser cette partie de la galerie, soutenue seulement par de faibles étançons : si cet accident arrivait dans le temps que les mineurs sont à leurs ateliers, trois cents d'entr'eux seraient perdus sans ressource, car il n'y a pas d'autre issue. Une pareille crainte n'est pas chimérique : en 1810, l'affaissement d'une portion de cette galerie força de suspendre toute exploitation pendant trois mois ; et depuis que je suis attaché aux mines de Rancié, j'ai vu, dans ce même passage, trois éboulemens ; heureusement, toutes les trois fois, la Providence a voulu que les mineurs ne se trouvassent pas dans leurs chantiers. Afin de prévenir le plus grand des malheurs qui les menacent, dans l'état actuel des choses, l'Administration, avertie par les accidens que je viens de mentionner, a fait ouvrir, loin des éboulis et en plein roc, une nouvelle galerie, qui, entr'autres avantages, garantit aux mineurs une retraite assurée, et un passage absolument exempt de danger. Cette galerie, nommée *Galerie Saint-Louis*, aura 700 pieds de long, et sera terminée au commencement de l'année prochaine ; il n'en reste guère plus d'un tiers à percer.

Il me semble que c'est par de pareils travaux qu'une Administration des mines, agissant dans le sens de son institution, se rend réellement utile, et qu'elle fait tout le bien qu'elle peut aux mineurs, peut-être autant qu'en leur *présentant le cep et l'olive;* ce qui, d'ailleurs, n'est pas trop son affaire.

L'auteur des observations, dans sa justice, comme dans sa philanthropie, au lieu de tant de blâme versé sur l'Administration, n'aurait-il pas dû plutôt lui donner, je ne dirai pas des éloges, mais des encouragemens? car elle s'efforce à faire disparaître les maux qui l'ont le plus frappé dans le sort des mineurs de Rancié. Veut-il faire ressortir ce que leur état a de plus malheureux et de plus pénible? veut-il exciter tout notre intérêt en leur faveur? « allez considérer, nous dit-il, la noire poussière et l'abondante sueur dont il est couvert à l'issue de ces vastes cavernes, ses larges cicatrices, ses fréquentes catastrophes; allez voir ses jeunes enfans courbés et haletans sous le poids d'immenses fardeaux, le dépérissement de sa postérité déterminé par les travaux excédant les forces d'un âge trop tendre ». Eh bien, l'Administration travaille à remédier à tous ces maux, et même avec quelques succès.

Nous avons vu la *Galerie Chassepot* remplacer, par un passage court et facile, un passage plus que double en longueur et très-pénible; sans exagération, elle a épargné aux mineurs plus des trois quarts de la sueur qu'ils répandaient en parcourant l'ancienne route. La galerie Saint-Louis va présenter un bien plus grand avantage : percée en ligne droite, avec une légère pente vers sa sortie, munie d'un plancher, le mineur y roulera avec facilité, dans des brouettes, le minerai qu'il porte si péniblement sur le dos à travers des passages étroits et tortueux : on ne le verra plus courbé et haletant sous des faix énormes ; on ne le verra plus sortir le front couvert de sueur. Mais, qui le croirait ! des travaux d'une utilité aussi évidente qu'incontestable pour nos mineurs , ne sont cependant vus, par eux, qu'avec un extrême déplaisir : dans un premier moment, la force de la vérité pourra bien leur arracher un applaudissement presqu'involontaire ; mais bientôt leur caractère méfiant reprenant le dessus, ces belles galeries ne seront plus, à leurs yeux, que des voies ouvertes à leur asservissement ; et ils craindront qu'elles ne deviennent un titre en faveur d'une Administration qu'ils voudraient éloigner à tout prix.

On a entendu l'auteur des observations plaindre , avec raison, le sort de ces jeunes enfans (dont l'âge n'était quelquefois que de six à sept ans) écrasés , et peut-être écrasés à jamais , sous des charges de 30 , 40 et 50 livres. Déjà depuis long-temps tous les gens éclairés du pays l'avaient plaint également, et avaient accusé l'égoïsme , je pourrais presque dire le mauvais naturel de quelques pères, qui, pour un léger intérêt du moment, sacrifiaient en quelque sorte leur postérité. En 1813 , un règlement d'administration publique, pour toutes les mines de la France , a défendu de laisser travailler dans les ateliers souterrains les enfans au-dessous de dix ans : cette disposition , vrai bienfait, sous tous les rapports, pour les mineurs de Rancié , fut mise en exécution parmi eux ; mais ce ne fut pas sans de grandes peines , et de toutes les mesures de police que j'ai vu prendre à ces mines, aucune n'a excité plus de mécontentemens et plus de plaintes contre l'Administration et ses agens. Dans cette occasion , comme dans bien d'autres, j'ai vu que le Gouvernement, connaissant souvent beaucoup mieux que ses administrés ce qui constitue leur propre bien, doit le leur faire malgré eux, ou du moins contre leur désir momentané.

Au reste, l'Administration des mines de Rancié, sachant très-bien ce qu'elle a à faire, cheminera imperturbablement dans la route que son devoir, son expérience et ses connaissances lui ont tracée, sans s'inquiéter, en aucune manière, si ses actions plaisent ou ne plaisent pas aux mineurs.

Dans ce moment, et afin d'assurer aux consommateurs du minerai pour l'avenir, elle va faire ouvrir, à un quart de lieue des mines, une grande *Galerie d'écoulement*, qui atteindra le *filon* (1), à près de trois cents pieds au-dessous du point où les anciennes exploitations étaient descendues : elles n'avaient pu s'enfoncer d'avantage, les eaux n'ayant plus à ce niveau d'écoulement naturel. Cette galerie mettra en état d'exploiter un énorme massif de minerai de trois cents pieds d'épaisseur, absolument intact, et qui, d'après toutes les probabilités, pourra fournir à la consommation pendant deux siècles, et peut-être bien davantage. La prévoyance commande ce travail ; le filon, sur tout le flanc de la montagne, est criblé d'anciennes excavations, et presqu'épuisé ; on est près de la cime, et elle ne saurait promettre du minerai pour une très-longue suite d'années. Une Administration du genre de celle qui existe actuellement à Rancié pouvait seule faire cette entreprise vraiment royale, qui exigera peut-être deux cents mille francs

------

(1) Le vrai terme minéralogique de ce *gîte de minerai* est *amas en couche* (*liegendes Stock* , en allemand).

de dépense et vingt années de temps (1); tout
maître de forge doit en sentir l'absolue nécessité :
elle assure la réalité de l'héritage qu'il doit laisser
à ses enfans. Le transport du minerai s'y fera à
l'aide de brouettes, ou de petits charriots montés
sur quatre roulettes et poussés par des enfans;
peut-être même pourra-t-il s'y faire par eau, à
l'aide de petites nacelles : il s'y fera sans occa-
sioner une goutte de cette sueur dont nous
sommes au moins aussi avares que l'auteur des
observations.

Quoique l'intérêt privé des mineurs ne soit et
ne doive être que secondaire aux yeux de l'Administration, il est cependant loin d'avoir été
négligé, et M. le Préfet en particulier a fait à cet
égard tout ce qu'il lui était possible de faire.

Ayant remarqué l'éloignement que ces ouvriers
avaient pour les étrangers, il a voulu qu'on pût
s'en passer autant qu'il serait possible. Il a pris
parmi eux un jeune garçon dans lequel j'avais
remarqué beaucoup d'intelligence; il l'a fait étu-
dier à l'Académie des Arts de Toulouse, où il a
remporté divers prix, et maintenant il est placé
aux mines en qualité d'Aide-Géomètre. Mais
depuis qu'il tient en quelque chose à l'Administration, tout mineur qu'il était, tout fils de mineur,
tout parent de plus de vingt d'entr'eux, il n'en
est guère mieux vu que s'il arrivait des antipodes.

M. le Préfet aurait bien encore désiré géné-
raliser l'instruction primaire parmi les mineurs; il
a voulu établir à *Sem* une école gratuite pour
leurs enfans, afin (en employant ses expressions)
que chacun pût lire, dans les saints Évangiles,

---

(1) Le projet relatif à cette galerie n'étant pas encore
arrêté, ce que je dis sur ses dimensions, sur le temps
et les fonds qu'elle exigera n'est qu'un simple aperçu.

quels sont ses devoirs. Si ce projet n'a pas été exécuté, il ne faut l'attribuer qu'aux malheurs des temps, et au défaut de fonds.

Tout mineur blessé à Rancié est traité aux frais de l'Administration. Depuis quelques années, M. le Préfet cherche un officier de santé qu'il puisse attacher à ces mines, et il a affécté une somme à cet objet. Nous sommes certainement plus fâchés que l'auteur des observations si nos moyens pécuniaires ne nous permettent pas d'établir cet hôpital, où il voudrait que nous reçussions tout mineur indigent et mutilé. Mais est-ce sérieusement qu'il nous accuse de ce péché d'omission?

L'Administration n'a que des sentimens de bienveillance à l'égard des mineurs ; et ils sont bien injustes lorsque, dans la méfiance de leur caractère, ils se la représentent continuellement comme tendant à s'emparer des mines et à les en déposséder. Elle est même loin de penser à porter atteinte au droit qu'ils croient avoir d'exploiter exclusivement les mines de Rancié, et d'en vendre le minerai à leur profit. Il ne m'appartient pas de décider jusqu'à quel point les lois constitutionnelles de 1789 et 1790, en abolissant les priviléges de toutes les classes et de tous les pays, pour les faire rentrer dans le *droit commun de tous les Français*, ont pu modifier un droit, suite d'anciens priviléges ; il ne m'appartient pas davantage de préjuger ce qui pourrait être prononcé à l'avenir sur cet objet par l'Autorité suprême ; mais je puis dire, avec certitude, qu'avant comme après la Restauration, la Direction générale des mines a toujours pensé que les habitans de la vallée devaient être maintenus dans la jouissance de ce droit. Bien entendu qu'il serait subordonné aux règlemens faits pour en régulariser l'usage, ainsi qu'à l'intérêt général, qui veut que les substances minérales déposées dans le sein de la terre soient utilisées au profit de la société : en conséquence, lorsque les personnes qui ont le droit d'extraire ces substances ne veulent pas en user, les parties intéressées sont substituées à leur droit : nos lois sont positives à cet égard, notamment en ce qui concerne les mines de fer.

Non-seulement l'Administration ne pense pas à porter la moindre atteinte à aucune espèce de droit ; mais encore, dans ses bonnes intentions à l'égard des mineurs actuels, elle respecte jusqu'à des abus consacrés par l'usage, lorsqu'ils ne sont pas trop en opposition avec l'intérêt des mines. Par exemple, nous avons vu que deux cents cinquante mineurs suffiraient à l'exploitation, tandis qu'il y en a quatre cents trente ; voilà donc près de deux cents ouvriers de trop : ce surplus est contraire aux règles de l'économie politique, il est même contraire à la bonne police de nos mines ; il est cause d'un grand nombre de désordres dans les ateliers, et il exige, de la part des chefs, un redoublement de surveillance : l'Administration le sait ; cependant, craignant de plonger dans une extrême misère et de forcer à l'expatriation plusieurs de ces mineurs, elle n'a jamais eu l'idée de les congédier, préférant se donner plus de soins, éprouver plus de tracas, et sacrifier même, contre son strict devoir, un peu du bien général au bien de quelques particuliers. Seulement, elle s'est interdite toutes nouvelles admissions de mineurs, jusqu'à ce qu'elles soient nécessitées par le besoin du service, ou par des considérations majeures d'intérêt public.

Après avoir donné une idée de ce que l'Administration fait aux mines, et des principes qui la dirigent, il serait plus que superflu de répondre aux reproches qu'on lui a faits. Ils tombent d'eux-mêmes : pour n'en citer qu'un seul, je demanderai si, avec un peu de réflexion, et sans une envie démesurée de tout blâmer, le bien comme le mal, on mettrait au nombre des maux qu'elle a faits aux mineurs, d'avoir *fait établir, il y a environ douze ans, une barrière où l'on prélève un sou par quintal de minerai ?* Lorsqu'on sait que ce droit est affecté, par l'arrêté du Gouvernement qui l'établit, *aux dépenses pour l'entretien des galeries de service, et pour les travaux reconnus utiles à la conservation de l'exploitation :* lorsqu'on sait qu'il n'est perçu sur le minerai qu'après la vente qui en est faite par les mineurs ; et qu'ainsi, il n'est et ne peut être ni payé, ni même avancé par eux ; qu'en définitif, il est payé par le consommateur, et par conséquent est un impôt levé sur lui, et levé au profit des mineurs, puisqu'il n'est employé qu'à la conservation de leurs propres ateliers, et qu'il est en partie gagné par eux ; s'il ne l'est point en totalité, c'est qu'ils n'ont pas voulu ou su faire convenablement les ouvrages d'art auxquels il est destiné. D'où voulait-on donc qu'on prît les fonds nécessaires pour des ouvrages dont la nécessité est de l'évidence la plus manifeste ; tels sont ceux dont j'ai parlé ? En 1803, des circonstances impérieuses pour les mines ont porté le Gouvernement à faire ce qu'il avait déjà fait en 1719 ; à cette époque, le Roi permit, par un arrêt du Conseil, *aux Consuls de Vicdessos de prendre un sou par charge de mine, du poids de 150 livres* (c'est encore le poids actuel de la charge ou volte), *pour être employé aux dépenses qui seraient trouvées nécessaires pour la meilleure Administration de la mine.....* Observez que le droit établi en 1719 était, dans le fait, bien plus fort qu'aujourd'hui ; un sou à cette époque valait certainement bien plus de deux sous de l'époque actuelle.

Quelles sont, en définitif, les intentions de l'Administration à l'égard des mineurs? N'exiger d'eux que la simple exécution des règlemens faits pour garantir la longue durée et la bonne régie d'un établissement, leur unique moyen de subsistance; règlemens qui sont les mêmes, quant au fond, que ceux faits autrefois par les Souverains et les magistrats de leur propre pays, et auxquels leurs pères ont obéi.

Des Règlemens pour les mines de Rancié, et de la Taxe du minerai en particulier.

A entendre l'Auteur des observations, ce ne serait que depuis vingt-cinq ans que l'Autorité publique administrerait les mines de Rancié, ou, pour bien rendre toute sa pensée, qu'elle y vexerait les mineurs, *en les astreignant à des règlemens autres que les lois communes au reste des Français.*

Encore ici, il y a une petite erreur de fait, une petite erreur de date, car, depuis plus de quatre cents ans, l'Autorité publique fait des règlemens particuliers pour ces mines et y astreint les mineurs. En 1414, je vois le premier officier du Comte de Foix, pour l'Administration intérieure du Comté, le Sénéchal, sur *les plaintes du Procureur-général de notre Comté, à sa prière et à celle des marchands, et autres honnêtes gens, tant de la vallée de Vicdessos, que des autres endroits de ladite Comté de Foix, qui ont dit que* les grands avantages que le Comte, les maîtres de forge, et les habitans du Comté, retirent du minier de la vallée de Vicdessos, *sont réduits à rien par la négligence, ou, à mieux dire, la malice de ceux qui tirent la mine, et qui détruisent entièrement ledit minier, si on ne tâche d'y remédier promptement. Voulant pourvoir à l'indemnité de tant de gens, de toute la république, et du seigneur Comte de Foix ; je vois, dis-je, le* Sénéchal convoquer *les barons, les nobles, les consuls, certains prud'hommes et anciens, tant des marchands, que de tous les endroits remarquables de ladite Comté, pour délibérer sur le fait précédent, nous donner leur avis et entendre les règlemens que nous voulons faire à ce sujet.... Sauf toujours le droit dudit seigneur Comte de Foix, et sous son bon plaisir, nous ordonnons......* Suit le dispositif (1).

Telle est l'origine et la solennité, tels sont les motifs du premier règlement sur les mines de Rancié qui me soit connu. Tous ceux qui ont été faits depuis ne font que le reproduire, avec des modifications et des développemens nécessités par l'expérience et par les changemens survenus dans le mode d'administration du pays. Ces règlemens postérieurs sont : celui de 1731, fait par les Consuls de Vicdessos, d'après l'autorisation donnée par l'Intendant; et celui de 1805, approuvé par le Ministre de l'Intérieur. Celui de 1816, arrêté par le Conseiller-d'Etat Directeur-général des mines, ponts et chaussées, concerne principalement les Jurats.

Il ne m'appartient pas de discuter ces actes d'une autorité qui m'est supérieure ; je suis seu-

---

(1) Ce règlement, publié une seconde fois par les Consuls de Vicdessos, à la suite de celui qu'ils firent en 1731, et vraisemblablement traduit en français à cette époque, se trouve dans la *Description des Gîtes de minerai de la France*, tom. 1, p. 197.

lement chargé d'en assurer l'exécution ; et je me bornerai à l'observation suivante.

Les règlemens particuliers aux mines de Rancié, bien loin d'être une source de vexations pour les mineurs, ne peuvent que les préserver des vexations arbitraires auxquelles un ouvrier qui travaille dans l'atelier ou dans la mine d'un particulier est toujours sujet. Ici, il n'y a, presque toujours, d'autre règle que la volonté et souvent le caprice du maître ; il faut s'y soumettre. A Rancié, au contraire, les règlemens sont faits avec des formalités qui en garantissent la bonté, la justice, et leur assurent une certaine stabilité : le mineur, en entrant dans ces mines, sait entièrement à quoi il s'engage : il ne dépend que de lui d'y éviter toute punition, et presque tout désagrément. Lorsqu'un homme ne dépend que d'une loi ou d'une règle qui lui est bien connue, et qui engage également tous ceux qui sont dans le même cas que lui, il me paraît à peu près aussi libre qu'il peut l'être dans l'ordre social : au reste, je ne trouve pas extraordinaire que des ouvriers, vivant du produit journalier de leur travail, apprécient peu cet inestimable avantage, et lui préfèrent deux ou trois sous de plus par jour.

Parmi les dispositions des règlemens, il y en a une sur laquelle je dois m'arrêter ; c'est elle qui a occasioné les derniers troubles à Rancié, et qui est la cause, indirecte à la vérité, de cet écrit ; je parle de la Taxe sur le minerai.

L'Auteur nous la donne comme n'étant rien moins qu'un *titre de sagacité* pour les anciens *Administrateurs* qui l'ont introduite dans le règlement de 1805, et pour le *Ministre* qui l'y a confirmé ; il nous la peint comme une *puérilité*, comme le *comble de l'aveuglement*, inconcevable *dans le dix-neuvième siècle et dans les hommes revêtus de quelque dignité qui ont pu lui accorder leur sanction.*

Cette disposition, si violemment attaquée, remonte bien antérieurement à 1805 ; elle se trouve dans le règlement de 1414, et elle n'y est mise que dans l'intérêt *de toute la république.*

En 1722, je vois les Etats du comté de Foix et les Intendans discuter sur cette taxe, et en charger les Consuls de Vicdessos.

En 1731, l'Autorité suprême du Royaume, le Roi en son Conseil, *ordonne*, *du consentement des Etats du pays de Foix*, *que la mine sera taxée à l'avenir par les Consuls de Vicdessos*, *non-seulement pour les habitans*, *suivant l'usage*, *mais encore pour les étrangers*, *au prix qu'il conviendra pour le bien et l'avantage du commerce des Fers*.....

Aussi, dans leur règlement de la même année, les Consuls, disent-ils : *nous ordonnons aux minerons de donner le quintal de mine aux voituriers de la vallée à quatre sous par provision*, *et aux voituriers étrangers à six sous.*

Le règlement de 1805, en reprenant la taxe sur le minerai, fixe les bases naturelles sur lesquelles elle doit être faite, savoir, le prix du fer et de la main-d'œuvre ; il exige, en outre, qu'au commencement de chaque année, avant d'arrêter cette taxe, le Préfet prenne l'avis d'une assemblée de quatre maîtres de forge et de quatre mineurs, et ensuite celui de l'Ingénieur des mines. Il me semble que, tant pour la forme que pour le fond, ce dernier règlement a, en ce point, quelque avantage sur ceux qui l'avaient précédé, et que cette considération aurait pu affranchir du blâme ses rédacteurs.

Bien plus, cette insigne ineptie, concevable

au

au milieu des institutions de la *dureté féodale*, mais qu'on ne saurait concevoir dans le dix-neu-vième siècle, vient cependant encore d'être com-mise dans ce siècle de lumières et de philosophie, par les auteurs de la plus libérale des lois sur les mines, de cette loi qui fait, de toute mine, une *propriété incommutable*, uniquement dépendante des mêmes lois que toutes les autres propriétés fon-cières, alors que, depuis l'origine de la monarchie, les mines n'étaient l'objet que de concessions tem-poraires, et révocables dans un grand nombre de cas : cette loi veut que le propriétaire de toute mine de fer, soit *tenu de fournir aux usines qui s'y approvisionnent de minerai, la quantité nécessaire à leur exploitation, au prix qui sera porté au cahier des charges ou qui sera fixé par l'Administration.* (*Loi du* 21 *août* 1810, *art.* 70.)

En voyant ce dissentiment d'opinion de notre auteur avec les administrateurs de tous les temps et de toute espèce, Sénéchaux, États, Intendans, Conseils du Roi, Ministres, Préfets, Législateurs du dix-neuvième siècle, on se demande : si la gloire de dessiller les yeux complètement aveuglés de tous ces hommes d'état et de rétablir une vérité plus que méconnue pendant des siècles, était réservée à cet écrivain ? Ou bien, si, dans ce cas, comme dans quelques-uns de ceux que j'ai cités, et de ceux que je n'ai pas cités, l'auteur, n'ayant pas bien réfléchi sa matière, a proclamé, non avec toute la modestie possible, une première idée dont le mérite le plus réel, par rapport à lui, ne consistait peut-être qu'en ce qu'elle était op-posée à un système qui lui déplaisait ? Je pen-cherais pour cette dernière opinion; car maintenant que j'ai les yeux bien ouverts, et que la matière est bien éclairée des lumières que l'auteur y a répan-

3

dues, je ne puis être tout-à-fait de son avis. J'en expose succinctement les motifs.

Lorsque l'Administration intervient dans des matières analogues à celles qui nous occupent, elle ne doit le faire que dans l'intérêt public, c'est-à-dire, dans celui du consommateur ; de manière à ce que celui-ci achète au plus bas prix possible : par exemple, et dans le cas qui nous occupe, de manière à ce que le fer soit livré au commerce au plus bas prix, et, par conséquent, de manière à ce que les matières premières reviennent, aux maîtres de forge, à un aussi bon marché que possible. Lorsqu'il y a une forte concurrence, l'intervention de l'Administration publique n'est plus nécessaire, ni même convenable, pour garantir cet avantage ; dans notre espèce, c'est le cas pour le fer et pour le charbon : un grand nombre de forges fabriquent du fer dans l'Ariège, et une multitude de bois différens leur livrent le combustible. Mais il n'en est plus de même pour le minerai, une seule mine le fournit ; l'Administration intervient, et, par sa taxe, elle produit l'effet de la concurrence, et tient cette matière première au prix le plus bas.

Si pareille intervention doit avoir lieu, d'après nos lois, pour toute mine qui ne fournit qu'à quelques usines, lors même qu'elle est une propriété privée ; à plus forte raison aura-t-elle lieu convenablement pour une mine qui fournit seule à cinquante forges, qui est régie immédiatement par l'Administration publique, et qui ne l'est que dans l'intérêt public. Les partisans les plus prononcés de la liberté du commerce ne sauraient voir ici la moindre atteinte à cette liberté : l'Administration n'est pas, à Rancié, un agent étranger qui intervient entre le vendeur et l'acheteur ; à proprement parler, elle est le vendeur, car elle y représente le propriétaire : or, lorsqu'un propriétaire annonce, au commencement de chaque année, aux parties intéressées, le prix auquel il leur vendra les produits de sa propriété, il me semble qu'il favorise et simplifie bien plutôt qu'il n'entrave et ne complique les relations commerciales.

Vainement, dirait-on, que la concurrence existe à Rancié, où l'on a 430 mineurs, vendant séparément le minerai à leur compte particulier, et ne vivant presque qu'au jour le jour du produit de cette vente. Certainement le monopole y est bien moins à craindre que si les mines étaient exploitées au compte d'un particulier, ou d'une compagnie, qui tiendrait, en quelque sorte, dans ses mains, tout le commerce du fer de six ou sept départemens et la fortune de presque tous leurs maîtres de forge : mais encore nos 430 mineurs sont les ouvriers d'un seul et même atelier, ils forment une espèce de compagnie, et l'expérience a prouvé qu'ils savaient fort bien s'entendre et se coaliser à l'effet de hausser le prix du minerai. Les anciens règlemens parlent souvent de leurs monopoles, ainsi que des moyens de les empêcher : je vois qu'un procès-verbal des Consuls de Vicdessos, en date du 9 août 1731, constate que les mineurs ne font qu'une *volte le jour, parce qu'ils la vendent au prix qu'ils veulent ; une volte leur en vaut autant que quatre, s'ils la baillaient au prix réglé.* L'Administration manquerait de sagesse, elle manquerait au devoir que la loi lui impose, d'assurer les besoins des consommateurs, si elle ne prenait des mesures pour prévenir de pareilles coalitions, et pour empêcher les mineurs de s'emparer de l'extraction et de son prix.

Dirai-je quelques mots de la taxe pour 1818,

qui a donné lieu à la dernière coalition et presque à un événement public dans le pays de Foix?

Avant la révolution, le prix du minerai était de cinq sous et demi pour les habitans de la vallée, et de sept et demi pour les étrangers. A la faveur des circonstances et du papier monnaie, les mineurs le portèrent à douze. Il parut généralement trop élevé; et dans les assemblées des maîtres de forge et des quatres mineurs, tenues pour la taxe de 1816 et 1817, on regarda dix sous comme le taux le plus juste; cependant on conclut au maintien de l'ancien prix, *vu la cherté des subsistances, et sans tirer à conséquence pour l'avenir.* (*Voyez l'arrêté du* 1.er *février* 1816.) L'arrêté pour 1817, vu cette même cherté, et encore *pour cette année,* maintint cette même taxe.

En 1818, le fer avait de nouveau baissé de prix, les récoltes à Sem et à Goulier avaient été plus abondantes, le prix des grains avait un peu diminué; mais comme il était encore élevé et que l'huile, qui sert à l'éclairage dans les mines, était chère, l'Administration crut devoir prendre un terme moyen entre *douze* sous, prix pour les années très-disetteuses, et *dix* sous, reconnu le juste prix.

En adoptant un terme inférieur à celui de l'année précédente, elle prévoyait bien que les mineurs, dans leur mécontentement (mécontentement qui aurait eu également lieu dans une année d'abondance), feraient ce qu'ils avaient déjà fait souvent dans de pareilles circonstances; qu'ils se coaliseraient et suspendraient les travaux, afin de forcer le rétablissement de l'ancienne taxe. Mais comme il importait de ne pas laisser de simples mineurs se rendre les maîtres du prix du minerai et de l'autorité aux mines; en persistant dans une disposition *juste et convenable*, elle prit des mesures pour assurer son exécution, et pour prévenir les suites de la coalition qu'elle pressentait. Si les ordres qu'elle donna eussent été bien exécutés, les travaux n'eussent pas été suspendus pendant plus de quatre ou cinq jours, et la coalition n'eût eu aucun éclat.

Il en fut autrement : M. le Préfet voyant que les travaux n'étaient pas repris le 12 janvier, sachant que quelques forges manquaient déjà de minerai, crut que sa présence pourrait être nécessaire sur les lieux ; et il n'hésita pas à s'y rendre. Il ne s'était pas trompé ; dès le lendemain de son arrivée, et grâces à ses soins, l'exploitation fut entièrement reprise.

Comment vient-on nous parler de *terreur*, de *violence*, de *garnisaires*, de *villages plongés dans la consternation?* Alors que les simples voies de police correctionnelle ont été seules employées ; que l'on s'est tenu strictement en deçà de la limite tracée par les lois ; que les troupes n'ont été envoyées que pour soutenir, en cas de besoin, les agens ordinaires de l'autorité judiciaire ; qu'elles n'ont pas été dans le cas de fournir ce soutien ; que bien loin d'être, comme des garnisaires, à la charge des villages mutinés, elles avaient une haute-paye considérable. Le jour même où l'exploitation a été reprise, j'ai parcouru les ateliers, et les mineurs n'y avaient pas l'air plus consterné que d'ordinaire. En définitif, huit mineurs ont été condamnés par le tribunal de police correctionnelle à un mois de prison, et quelques-uns ont été exclus des mines.

Certainement cela est fâcheux ; mais je ne crois pas qu'il y ait là de quoi pénétrer M. le Préfet du plus profond regret : il n'a, ce me semble, qu'à se féliciter du succès de ses dispositions et de son voyage aux mines; tout comme le département n'a qu'à s'applaudir du zèle et de l'activité qu'il a montrés dans cette circonstance, spontanément, et dans le seul intérêt du commerce du pays.

L'auteur des observations nous annonce qu'au moment où il écrit les mineurs se cotisent pour faire appel du jugement qui a condamné leurs camarades, et il ne doute pas que la cour royale ne casse un arrêt qui lui paraît inique. Encore ici, l'auteur aurait bien pu se tromper; et si les mineurs, mieux avisés, ne se fussent désistés de leur cotisation et de l'idée de faire appel, il est bien possible, et même vraisemblable à mes yeux, que leur argent et leurs peines n'eussent eu d'autre résultat que de faire condamner à deux mois de prison de plus chacun de leurs camarades. Sans discuter, avec l'auteur, sur les principes qui auraient dû déterminer le jugement de la cour royale, je dirai que M. le Procureur-général près cette cour, qui connaît probablement mieux que nous ses principes, après avoir pris connaissance du jugement rendu par le tribunal de police correctionnelle, a pensé (comme je le pensais) que, dans une coalition d'ordre majeur, on eût dû appliquer, non le *minimum* de la peine portée par la loi, ainsi que cela a été fait, mais le *maximum*. Il a cru, en conséquence, qu'il pouvait y avoir lieu à appel de la part du ministère public, et il m'a fait l'honneur de me demander si je croyais qu'il dût être fait, dans l'intérêt de l'Administration. J'ai pris sur moi de lui répondre : que je ne le croyais pas, vu qu'il y avait déjà plus de quinze jours que le jugement du tribunal de Foix était rendu, que le nombre des condamnés s'élevait à huit, et qu'après tout, du moment que la coalition avait été déclarée punissable par les tribunaux, et qu'elle avait été punie, l'Administration était satisfaite ; peu lui importait la gravité de la peine. Ce serait donc à moi *peut-être* que les mineurs coalisés devraient de n'avoir pas été condamnés à trois mois de prison par la cour royale ? Au reste, je ne prétends pas m'en faire un mérite : il est dans mes principes en Administration, de ne point chercher à atténuer l'effet des lois qui assurent le maintien de l'ordre public ; je pense que leur stricte et sévère exécution est une vraie bonté : lorsqu'il y a certitude d'être puni, si l'on enfreint une loi, rarement y a-t-il infraction, et, par suite, rarement l'administrateur est-il dans le cas de punir ou de provoquer la punition.

Je ne saurais terminer ce qui concerne la taxe du minerai pour 1818, sans chercher à laver les maîtres de forge de l'Ariège de l'odieux qu'on a versé sur eux au sujet de cette taxe, en les représentant en général comme des hommes *servilement attachés au jeu machinal de leurs usines, aveuglés par l'égoïsme*, qui, dans une *ignorance profonde* des choses et de leurs vrais intérêts, ont *sollicité et fatigué l'Administration par des demandes réitérées en réduction du prix du minerai*, afin d'augmenter, par un sou arraché à de malheureux ouvriers, qu'ils semblent vouloir opprimer, des bénéfices déjà considérables ; et cela pour afficher dans les *palais* qui remplacent *les humbles habitations de leurs pères*, au milieu de *somptueux ameublemens*, et dans de *magnifiques équipages*, *l'ostentation orientale d'une grandeur fastueuse*.

J'affirme, d'abord, avec une entière connaissance du fait, qu'aucun maître de forge n'a sollicité de l'Administration la moindre réduction en diminution du prix du minerai.

Quant à la taxe, le 12 décembre, quatre

d'entr'eux, pris au hasard par M. le Préfet, à Foix ou dans le voisinage, furent appelés pour donner leur avis conjointement avec quatre mineurs, et en conformité des réglemens. D'après ce qui avait eu lieu, les années précédentes, dans pareille assemblée, l'Administration s'attendait à voir les maîtres de forge reproduire le taux de dix sous : peut-être même se proposaient-ils de le faire; mais lorsqu'ils eurent entendu les observations des mineurs, notamment sur la cherté de l'huile, ils conclurent à onze sous. M. le Préfet adopta, d'autant plus volontiers cette taxe, que c'était celle qui nous avait paru, à lui et à moi, la plus convenable, avant même d'aller à l'assemblée. Dans le fait, quelle a été ici la conduite des maîtres de forge interrogés? Ils se sont départis, en faveur des mineurs, d'un sou, qu'ils avaient cru qu'on pouvait retenir en toute justice ; et ils l'ont fait par un sentiment de bonté dont j'ai été témoin. Je remarquerai, en passant, que donner simplement un avis qu'on vous demande, et qu'on est tenu de donner, n'est pas solliciter.

J'observerai encore que les maîtres de forge ont peut-être fait tout ce qu'ils pouvaient faire pour les mineurs : s'ils eussent été plus loin, qu'ils eussent, par exemple, conclu à douze sous, il est très-possible que M. le Préfet, par les motifs ci-dessus exposés, n'eût pas partagé cet avis. D'ailleurs, il n'aurait point été dans les intérêts qu'ils étaient appelés à représenter, ceux des maîtres de forge.

L'intérêt d'un fabricant est de tirer le plus grand revenu possible de sa fabrique, et, par conséquent, d'acheter ses matières premières à un aussi bas prix qu'il le peut. Toutes les fois que l'Administration le consulte, elle s'attend bien à le voir abonder dans ce sens : c'est ensuite à elle

à

à apprécier ses raisons, à concilier dans sa justice tous les intérêts, et finalement à conclure dans l'intérêt public.

De quel monde sortirait celui qui trouverait extraordinaire qu'un fabricant fût mû par l'intérêt de sa fabrique, ou, ce qui revient au même, qu'un propriétaire s'occupât à tirer le plus grand parti de sa propriété? Certainement il y a encore bien moins d'égoïsme dans un maître de forge qui cherche à acheter le minerai à très-bon marché, que dans un propriétaire, qui, mettant à profit les malheurs d'un année disetteuse, cherche à vendre ses denrées à un prix très-élevé. C'est cependant ce qui s'est toujours fait, et ce qui se fera toujours; il est bien à craindre que les déclamations de nos philosophes n'aient pas plus de succès contre ce vice, presque inhérent au cœur humain, que n'en eurent jadis celles de Sénèque contre les richesses.

Ce serait perdre son temps que de répondre aux reproches de ce genre faits aux maîtres de forge; ce serait assurément le perdre encore que de s'arrêter sur le roman de leur grandeur fastueuse, sur ces somptueux ameublemens, ces magnifiques équipages, créés par l'imagination de l'auteur des observations, et dont tout habitant de l'Ariège ne connaît certainement pas plus que moi la réalité? Je me bornerai, en jugeant par comparaison avec ce que j'ai vu ailleurs, à dire que de toutes les provinces du Royaume le pays de Foix est peut-être celle où les maîtres de forge, pris en général, sont les moins fortunés, et retirent les moindres intérêts des capitaux qu'ils employent sur leurs établissemens. Un ou deux peuvent avoir fait des gains considérables; mais c'est par des spéculations commerciales, et non à l'aide des seuls produits de leurs fabri-

ques : quelques propriétaires de forêts peuvent
encore retirer , par la vente des fers qui se fabriquent dans leurs forges, un revenu qui les met
dans l'aisance ; mais c'est plutôt le produit de
leurs propriétés foncières que celui de leurs usines :
quant aux autres , en somme et en définitif , au
bout de l'année, leurs profits sont en général bien
petits , et bien peu propres à les mettre dans le
cas d'étaler aucune espèce de luxe. Nulle part
je n'ai été moins frappé que dans l'Ariège de
celui des ameublemens et des habitations ; et je
ne sache pas que parmi les maîtres de forge il
y en ait deux ou peut-être un qui possède un
équipage proprement dit.

En voyant combien l'auteur s'inquiète peu de
l'exactitude des faits ; en voyant l'exagération de
ses idées , l'inégalité et souvent l'enflure de son
style , ses métaphores , etc. , j'aurais cru qu'il avait
voulu s'amuser à composer une amplification dans
le genre de celles que font les écoliers de rhétori-
que , tant son écrit y ressemble de toute manière ,
s'il ne nous avait formellement dit que le seul
intérêt des mineurs l'avait porté à le faire et à le
publier.

Qu'il me soit permis, en finissant , d'examiner ,
en toute réalité , jusqu'à quel point il a atteint son
but, tant sous le rapport des administrateurs, que
sous celui des mineurs. Ce que je vais dire s'ap-
plique d'avance à tout ouvrage semblable qui
pourrait être publié à l'avenir sur le même objet.
Croit-on qu'une leçon donnée publiquement ,
d'un ton suffisant et passionné , à des hommes
revêtus d'un caractère supérieur (s'ils ont un peu
de sang dans les veines), soit bien propre à fruc-
tifier , et à les porter à changer d'opinion et de
conduite ; en supposant toutefois la leçon bonne

et fondée? Mais si , au lieu de cela, elle ne présente que notions très-imparfaites , idées peu réfléchies , déclamations au moins vaines , et qu'elle s'adresse à un administrateur expérimenté, plein du sentiment de ses moyens et de la connaissance de sa matière , fort de ses bonnes intentions , comment sera-t-elle et devra-t-elle être reçue ? A peu près comme le fut , par Annibal, celle que certain rhéteur d'Ephèse lui donna sur l'art militaire et sur les devoirs d'un Général d'armée (1).

L'Administration doit considérer cependant l'effet que pourra produire cet écrit parmi les mineurs, au milieu desquels il sera infailliblement répandu. Ceux d'entr'eux qui le liront, ou qui l'entendront lire, n'y verront et ne pourront y voir qu'un acte par lequel on leur dit solennellement et en public : vous êtes les plus malheureux des hommes; l'Administration, marâtre à votre égard, ne vous a fait que du mal, et jamais du bien ; vos insurrections contr'elle sont toutes naturelles, et vous en êtes absous d'avance devant la justice éternelle : votre triste position et le joug que l'on vous impose excitent l'intérêt de toutes les ames sensibles. Que vous êtes misérables ! Voyez les ouvriers des forges : *grâces à la fermeté et au dévouement* d'un d'entr'eux, *un maître-forgeur gagne huit francs par jour*, et *il n'est pas question de le réduire.* Dans cet état de choses, qui est très-réel et tout-à-fait indépendant des intentions de l'auteur, l'Administration ne peut voir dans son écrit qu'un levier qui va soulever les passions et les intérêts, qu'un brandon jeté au milieu d'une

____

(1) *Respondisse fertur......* qui magis deliraret vidisse neminem. *Quid enim aut arrogantius aut loquacius fieri potuit quam Annibali.... hominem qui nunquam hostem vidisset... precepta de re militari dare? (Cic. de Orat.)*

population déjà trop disposée à prendre feu , et bien propre à y allumer le fanatisme d'une entière liberté et indépendance. Que doit-elle faire alors pour garantir l'importante propriété publique confiée à ses soins, et , par suite, pour maintenir dans l'ordre et le devoir les ouvriers qui l'exploitent ? Avertie du danger, elle doit redoubler de vigilance, prendre à l'avance de nouvelles précautions ; et au premier mouvement, elle doit employer , dans toute leur sévérité, les moyens que les lois lui donnent, afin de le réprimer, et pour étouffer, dès sa naissance, le germe d'insurrection qu'on vient de semer.

Quel bien l'auteur aura-t-il fait aux mineurs ? Au reste, il ne leur aura pas fait du mal ; leur tâche n'en sera pas aggravée. L'Administration a irrévocablement arrêté son plan à leur égard ; ainsi qu'on l'a déjà dit, elle ne leur demandera jamais que la simple exécution des réglemens faits pour assurer la conservation et la bonne exploitation d'une des mines les plus importantes du Royaume : mais elle exigera cette exécution ; si elle ne l'exigeait pas , si elle ne l'assurait pas , elle ne ferait pas son devoir , ou elle serait incapable de le faire.

FIN.